1 たし算 (1)

1 2年1組は 32人、2組は 31人 います。
あわせて 何人ですか。

① しきを かきましょう。

JN090428

しき

② くらいを そろえて ひっ算の 形に
かきましょう。

③ 一のくらいから 計算を
します。

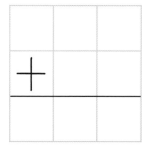

2 ひっ算の 形にして 計算を しましょう。

① 23 + 15　　② 31 + 42　　③ 16 + 20

たし算（2）

✳ つぎの 計算を しましょう。

①
```
  1 2
+ 4 3
```

②
```
  1 7
+ 5 2
```

③
```
  2 2
+ 3 5
```

④
```
  2 5
+ 4 4
```

⑤
```
  4 0
+ 4 8
```

⑥
```
  3 2
+ 2 6
```

⑦
```
  6 3
+ 2 3
```

⑧
```
  7 1
+ 2 2
```

3 たし算 (3)

月　日

＊ つぎの　計算を　しましょう。

①

```
  3 3
+   4
─────
```

②

```
  4 5
+   2
─────
```

③

```
  6 2
+   6
─────
```

④

```
  7 4
+   4
─────
```

⑤

```
  8 0
+   5
─────
```

⑥

```
  5 1
+   7
─────
```

⑦

```
  4 4
+   2
─────
```

⑧

```
  3 5
+   3
─────
```

4 たし算 （4）

* つぎの　計算を　しましょう。

①
```
   2 4
 + 5 8
```

②
```
   2 3
 + 5 9
```

③
```
   2 7
 + 3 7
```

④
```
   4 6
 + 3 7
```

⑤
```
   4 8
 + 3 5
```

⑥
```
   2 6
 + 2 6
```

⑦
```
   2 9
 + 3 1
```

⑧
```
   4 5
 + 2 5
```

たし算 （5）

✳ つぎの 計算を しましょう。

①
```
   3 8
+    4
─────
```

②
```
   5 7
+    7
─────
```

③
```
   6 3
+    9
─────
```

④
```
   7 3
+    7
─────
```

⑤
```
     4
+  6 7
─────
```

⑥
```
     9
+  5 5
─────
```

⑦
```
     5
+  3 6
─────
```

⑧
```
     2
+  3 8
─────
```

6 ひき算（1）

1 2年生は 1組と 2組で 63人です。1組は 32人です。2組は 何人ですか。

① しきを かきましょう。

しき

② くらいを そろえて ひっ算の 形に かきましょう。

③ 一のくらいから 計算を します。

```
  6 3
− 3 2
─────
```

2 ひっ算の 形にして 計算を しましょう。

① 26 − 13　　② 35 − 11　　③ 48 − 27

7 ひき算 (2)

＊ つぎの 計算を しましょう。

①
```
   4 5
 － 2 3
```

②
```
   6 3
 － 3 1
```

③
```
   6 7
 － 2 5
```

④
```
   7 4
 － 4 2
```

⑤
```
   8 4
 － 3 3
```

⑥
```
   9 5
 － 4 4
```

⑦
```
   6 2
 － 5 1
```

⑧
```
   7 6
 － 4 2
```

8 ひき算（3）

✳ つぎの　計算を　しましょう。

①
```
  49
- 29
─────
```

②
```
  55
- 15
─────
```

③
```
  68
- 63
─────
```

④
```
  77
- 74
─────
```

⑤
```
  33
-  2
─────
```

⑥
```
  48
-  6
─────
```

⑦
```
  87
-  7
─────
```

⑧
```
  44
-  4
─────
```

9 ひき算 (4)

＊ つぎの　計算を　しましょう。

① 　34
　−19

② 　42
　−28

③ 　75
　−47

④ 　52
　−26

⑤ 　61
　−23

⑥ 　84
　−38

⑦ 　66
　−39

⑧ 　51
　−35

10 ひき算（5）

✳ つぎの 計算を しましょう。

①
```
  60
- 27
────
```

②
```
  80
- 39
────
```

③
```
  35
- 29
────
```

④
```
  68
- 59
────
```

⑤
```
  42
-  5
────
```

⑥
```
  51
-  6
────
```

⑦
```
  30
-  7
────
```

⑧
```
  80
-  9
────
```

11 大きな数 （1）

□ を 1と します。 □ が 10こで ▊10です。

▊ が 10こで ▦ 100です。

✱ つぎの 数は いくつですか。

①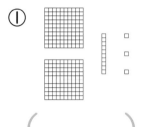

（　　　　　）

②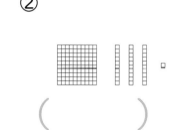

（　　　　　）

③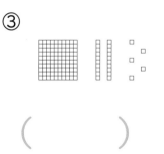

（　　　　　）

④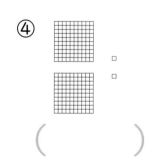

（　　　　　）

⑤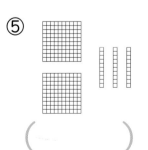

（　　　　　）

⑥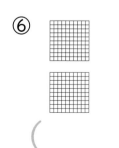

（　　　　　）

12 大きな数（2）

百が 10こ あつまった ものが **千**に なります。
1000と かきます。

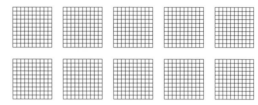

✳ □に あてはまる 数を かきましょう。

① 100 － 200 － □ － □ － 500 － □

② 600 － 700 － □ － 900 － □ － 1100

③ 900 － 910 － □ － 930 － □ － 950

④ 960 － 970 － □ － 990 － □ － 1010

⑤ 1000 － □ － 800 － □ － 600 － □

13 大きな数（3）

＊ □に あてはまる 数を かきましょう。

① 百を 3こ、十を 4こ、一を 5こ あわせた

数は □ です。

② 百を 7こ、十を 9こ あわせた 数は

□ です。

③ 千を 2こ、百を 6こ、十を 8こ、一を 1こ

あわせた 数は □ です。

④ 千を 5こ、百を 3こ あわせた 数は

□ です。

⑤ 百を 40こ あつめた 数は □ です。

⑥ 8000は 百を □ こ あつめた 数です。

14 大きな数 (4)

1 数_{かず}の　直線_{ちょくせん}を　見て　答_{こた}えましょう。

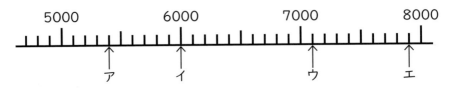

① 矢_やじるしの　数を　かきましょう。

ア（　　　　　） イ（　　　　　）

ウ（　　　　　） エ（　　　　　）

② 6800に　矢じるしを　かきましょう。

2 大きい　数に　○を　つけましょう。

① 347 と 346

（　　　）（　　　）

② 728 と 827

（　　　）（　　　）

③ 3241 と 3245

（　　　）（　　　）

④ 1200 と 1020

（　　　）（　　　）

千が　10こ　あつまった　数を　1万_{まん}と　いいます。
10000と　かきます。

15 たし算 (6)

* つぎの 計算を しましょう。

①
```
   8 5
 + 5 1
```

②
```
   4 4
 + 9 2
```

③
```
   5 2
 + 8 3
```

④
```
   6 1
 + 5 6
```

⑤
```
   6 8
 + 7 1
```

⑥
```
   7 6
 + 4 1
```

⑦
```
   7 3
 + 7 4
```

⑧
```
   9 5
 + 2 3
```

16 たし算（7）

* つぎの　計算を　しましょう。

①
$$\begin{array}{r} 74 \\ +\ 67 \\ \hline \end{array}$$

②
$$\begin{array}{r} 48 \\ +\ 75 \\ \hline \end{array}$$

③
$$\begin{array}{r} 56 \\ +\ 87 \\ \hline \end{array}$$

④
$$\begin{array}{r} 69 \\ +\ 46 \\ \hline \end{array}$$

⑤
$$\begin{array}{r} 78 \\ +\ 45 \\ \hline \end{array}$$

⑥
$$\begin{array}{r} 66 \\ +\ 78 \\ \hline \end{array}$$

⑦
$$\begin{array}{r} 79 \\ +\ 85 \\ \hline \end{array}$$

⑧
$$\begin{array}{r} 87 \\ +\ 36 \\ \hline \end{array}$$

たし算 (8)

* つぎの 計算を しましょう。

①
```
  3 5
+ 6 7
─────
```

②
```
  4 8
+ 5 6
─────
```

③
```
  1 9
+ 8 5
─────
```

④
```
  7 7
+ 2 6
─────
```

⑤
```
  3 8
+ 6 5
─────
```

⑥
```
  4 6
+ 5 8
─────
```

⑦
```
  8 9
+ 1 5
─────
```

⑧
```
  2 7
+ 7 6
─────
```

18 ひき算（6）

＊ つぎの 計算を しましょう。

①
	1	3	4
−		5	1

②
	1	4	8
−		6	2

③
	1	6	5
−		8	3

④
	1	5	9
−		9	4

⑤
	1	8	3
−		9	1

⑥
	1	7	6
−		8	5

⑦
	1	2	7
−		4	2

⑧
	1	3	5
−		6	3

19 ひき算（7）

✳ つぎの　計算を　しましょう。

①
```
  1 6 1
-   9 4
```

②
```
  1 8 5
-   9 7
```

③
```
  1 7 2
-   8 5
```

④
```
  1 6 4
-   8 6
```

⑤
```
  1 5 3
-   6 8
```

⑥
```
  1 4 6
-   7 9
```

⑦
```
  1 3 0
-   5 3
```

⑧
```
  1 3 2
-   7 6
```

ひき算 (8)

* つぎの 計算を しましょう。

①
```
  1 0 2
-   5 7
```

②
```
  1 0 4
-   3 6
```

③
```
  1 0 5
-   2 9
```

④
```
  1 0 7
-   1 8
```

⑤
```
  1 0 0
-   6 3
```

⑥
```
  1 0 0
-   7 9
```

⑦
```
  1 0 1
-     8
```

⑧
```
  1 0 0
-     7
```

21　かけ算九九（1）

1　パンが　2こずつ
ふくろに　入って
います。

①　ぜんぶで　何こ　ありますか。（　　　　）

1ふくろに　2こずつ　3つ分です。

これを　2×3　という　しきで　かきます。

（1ふくろの数）×（いくつ分）＝（ぜんぶの数）

この計算を　**かけ算**と　いいます。

②　□に　数を　かきましょう。

2×3＝□

2　かけ算の　しきで　あらわしましょう。

□ × □ = □

22 かけ算九九 （2）

✳ かけ算の　しきに　あらわしましょう。

① りんご　2こずつ

$$\boxed{} \times \boxed{} = \boxed{}$$

② みかん　4こずつ

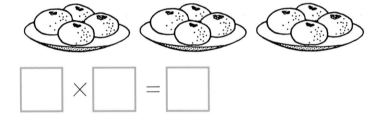

$$\boxed{} \times \boxed{} = \boxed{}$$

③ なし　3こずつ

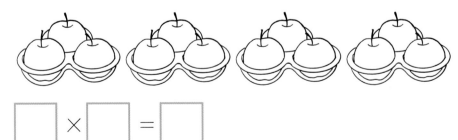

$$\boxed{} \times \boxed{} = \boxed{}$$

23 かけ算九九 （3）

1 つぎの 計算を しましょう。

① 2×1＝ 　　② 2×2＝

③ 2×3＝ 　　④ 2×4＝

⑤ 2×5＝ 　　⑥ 2×6＝

⑦ 2×7＝ 　　⑧ 2×8＝

⑨ 2×9＝

2 りんごが 2こずつ のって います。3さらでは りんごは ぜんぶで 何こに なりますか。

しき

答え ＿＿＿＿＿＿＿＿＿＿

24 かけ算九九 （4）

1 つぎの 計算を しましょう。

① $2 \times 3 =$ 　　② $2 \times 5 =$

③ $2 \times 7 =$ 　　④ $2 \times 4 =$

⑤ $2 \times 1 =$ 　　⑥ $2 \times 6 =$

⑦ $2 \times 8 =$ 　　⑧ $2 \times 9 =$

⑨ $2 \times 2 =$

2 パンが 2こずつ ふくろに 入って います。
　4ふくろでは パンは ぜんぶで 何こに なります
か。

しき

答え _____

25 かけ算九九 （5）

1 つぎの 計算を しましょう。

① $5 \times 1 =$　　② $5 \times 2 =$

③ $5 \times 3 =$　　④ $5 \times 4 =$

⑤ $5 \times 5 =$　　⑥ $5 \times 6 =$

⑦ $5 \times 7 =$　　⑧ $5 \times 8 =$

⑨ $5 \times 9 =$

2 なすが 5こずつ のって います。2かごでは
なすは ぜんぶで 何こに なりますか。

しき

答え _____

かけ算九九 （6）

1 つぎの 計算を しましょう。

① 5×3＝

② 5×5＝

③ 5×7＝

④ 5×4＝

⑤ 5×1＝

⑥ 5×6＝

⑦ 5×8＝

⑧ 5×9＝

⑨ 5×2＝

2 いちごが 5こずつ さらに のって います。3さらでは いちごは ぜんぶで 何こに なりますか。

しき

答え _____

27 かけ算九九 （7）

1 つぎの　計算を　しましょう。

① $3 \times 1 =$

② $3 \times 2 =$

③ $3 \times 3 =$

④ $3 \times 4 =$

⑤ $3 \times 5 =$

⑥ $3 \times 6 =$

⑦ $3 \times 7 =$

⑧ $3 \times 8 =$

⑨ $3 \times 9 =$

2 なしが　3こずつ　入って　います。
4パックでは　なしは　何こに　なりますか。

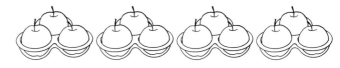

しき

答え
_____

28　かけ算九九（8）

1　つぎの　計算を　しましょう。

①　$3 \times 3 =$

②　$3 \times 5 =$

③　$3 \times 7 =$

④　$3 \times 4 =$

⑤　$3 \times 1 =$

⑥　$3 \times 6 =$

⑦　$3 \times 8 =$

⑧　$3 \times 9 =$

⑨　$3 \times 2 =$

2　バナナが　3本ずつ　さらに　のって　います。6さらでは　バナナは　ぜんぶで　何本に　なりますか。

しき

答え _____

かけ算九九 （9）

月　　　日

1 つぎの　計算を　しましょう。

① $4 \times 1 =$　　　② $4 \times 2 =$

③ $4 \times 3 =$　　　④ $4 \times 4 =$

⑤ $4 \times 5 =$　　　⑥ $4 \times 6 =$

⑦ $4 \times 7 =$　　　⑧ $4 \times 8 =$

⑨ $4 \times 9 =$

2　ゼリーが　4こずつ　入って　います。5はこでは
ゼリーは　何こに　なりますか。

しき

答え _____

30　かけ算九九（10）

1　つぎの　計算を　しましょう。

① 4×3＝

② 4×5＝

③ 4×7＝

④ 4×4＝

⑤ 4×1＝

⑥ 4×6＝

⑦ 4×8＝

⑧ 4×9＝

⑨ 4×2＝

2　みかんが　4こずつ　さらに　のって　います。5さらでは　みかんは　ぜんぶで　何こに　なりますか。

しき

答え _____

31 かけ算九九（11）

＊ つぎの　計算を　しましょう。

① $5 \times 3 =$

② $2 \times 2 =$

③ $2 \times 4 =$

④ $5 \times 5 =$

⑤ $5 \times 7 =$

⑥ $2 \times 3 =$

⑦ $5 \times 1 =$

⑧ $2 \times 8 =$

⑨ $2 \times 5 =$

⑩ $5 \times 6 =$

⑪ $5 \times 8 =$

⑫ $2 \times 9 =$

⑬ $2 \times 6 =$

⑭ $5 \times 2 =$

⑮ $5 \times 4 =$

⑯ $2 \times 1 =$

⑰ $2 \times 7 =$

⑱ $5 \times 9 =$

かけ算九九 （12）

✳ つぎの 計算を しましょう。

① $4 \times 3 =$　　② $3 \times 2 =$

③ $3 \times 4 =$　　④ $4 \times 5 =$

⑤ $4 \times 7 =$　　⑥ $3 \times 3 =$

⑦ $4 \times 1 =$　　⑧ $3 \times 8 =$

⑨ $3 \times 5 =$　　⑩ $4 \times 6 =$

⑪ $4 \times 8 =$　　⑫ $3 \times 9 =$

⑬ $3 \times 6 =$　　⑭ $4 \times 2 =$

⑮ $4 \times 4 =$　　⑯ $3 \times 1 =$

⑰ $3 \times 7 =$　　⑱ $4 \times 9 =$

かけ算九九 （13）

1 つぎの　計算を　しましょう。

① $6 \times 1 =$　　　② $6 \times 2 =$

③ $6 \times 3 =$　　　④ $6 \times 4 =$

⑤ $6 \times 5 =$　　　⑥ $6 \times 6 =$

⑦ $6 \times 7 =$　　　⑧ $6 \times 8 =$

⑨ $6 \times 9 =$

2 バナナが　6本ずつ　さらに　のって　います。3さらでは　バナナは　何本に　なりますか。

しき

答え _____

34 かけ算九九 （14）

1 つぎの　計算を　しましょう。

① $6 \times 3 =$　　　② $6 \times 5 =$

③ $6 \times 7 =$　　　④ $6 \times 4 =$

⑤ $6 \times 1 =$　　　⑥ $6 \times 6 =$

⑦ $6 \times 8 =$　　　⑧ $6 \times 9 =$

⑨ $6 \times 2 =$

2 いちごが　6こずつ　さらに　のって　います。7さらでは　いちごは　ぜんぶで　何こに　なりますか。

しき

答え＿＿＿＿＿＿＿＿＿＿＿

35 かけ算九九（15）

1 つぎの　計算を　しましょう。

① 7×1＝

② 7×2＝

③ 7×3＝

④ 7×4＝

⑤ 7×5＝

⑥ 7×6＝

⑦ 7×7＝

⑧ 7×8＝

⑨ 7×9＝

2 たこやきが　7こずつ　のって　います。3さらでは　たこやきは　何こに　なりますか。

しき

答え _____

かけ算九九 （16）

1 つぎの 計算を しましょう。

① $7 \times 3 =$

② $7 \times 5 =$

③ $7 \times 7 =$

④ $7 \times 4 =$

⑤ $7 \times 1 =$

⑥ $7 \times 6 =$

⑦ $7 \times 8 =$

⑧ $7 \times 9 =$

⑨ $7 \times 2 =$

2 トマトが 7こずつ さらに のって います。5さらでは トマトは ぜんぶで 何こに なりますか。

しき

答え _____

かけ算九九 （17）

1 つぎの　計算を　しましょう。

① 8×1＝

② 8×2＝

③ 8×3＝

④ 8×4＝

⑤ 8×5＝

⑥ 8×6＝

⑦ 8×7＝

⑧ 8×8＝

⑨ 8×9＝

2　たこには　足が　8本　ついて　います。4ひきでは
たこの　足は　何本に　なりますか。

しき

答え

38 かけ算九九 （18）

1 つぎの　計算を　しましょう。

① $8 \times 3 =$　　② $8 \times 5 =$

③ $8 \times 7 =$　　④ $8 \times 4 =$

⑤ $8 \times 1 =$　　⑥ $8 \times 6 =$

⑦ $8 \times 8 =$　　⑧ $8 \times 9 =$

⑨ $8 \times 2 =$

2 8こ入りの　キャラメルが　あります。4はこでは
キャラメルは　ぜんぶで　何こに　なりますか。

しき

答え _____

39 かけ算九九（19）

1 つぎの　計算を　しましょう。

① $9 \times 1 =$　　　② $9 \times 2 =$

③ $9 \times 3 =$　　　④ $9 \times 4 =$

⑤ $9 \times 5 =$　　　⑥ $9 \times 6 =$

⑦ $9 \times 7 =$　　　⑧ $9 \times 8 =$

⑨ $9 \times 9 =$

2 9こ入りの　チョコレートが　2はこ　あります。
チョコレートは　何こ　ありますか。

しき

答え _____

40 かけ算九九 （20）

1 つぎの　計算を　しましょう。

① $9 \times 3 =$　　　　② $9 \times 5 =$

③ $9 \times 7 =$　　　　④ $9 \times 4 =$

⑤ $9 \times 1 =$　　　　⑥ $9 \times 6 =$

⑦ $9 \times 8 =$　　　　⑧ $9 \times 9 =$

⑨ $9 \times 2 =$

2　やきゅうは　1チーム　9人です。3チーム
つくるには　何人　いりますか。

しき

答え _____

かけ算九九 （21）

✳ つぎの 計算を しましょう。

① 7×3＝

② 6×2＝

③ 6×4＝

④ 7×5＝

⑤ 7×7＝

⑥ 6×3＝

⑦ 7×1＝

⑧ 6×8＝

⑨ 6×5＝

⑩ 7×6＝

⑪ 7×8＝

⑫ 6×9＝

⑬ 6×6＝

⑭ 7×2＝

⑮ 7×4＝

⑯ 6×1＝

⑰ 6×7＝

⑱ 7×9＝

かけ算九九 （22）

＊ つぎの 計算を しましょう。

① 9×3=

② 8×2=

③ 8×4=

④ 9×5=

⑤ 9×7=

⑥ 8×3=

⑦ 9×1=

⑧ 8×8=

⑨ 8×5=

⑩ 9×6=

⑪ 9×8=

⑫ 8×9=

⑬ 8×6=

⑭ 9×2=

⑮ 9×4=

⑯ 8×1=

⑰ 8×7=

⑱ 9×9=

43 かけ算九九（23）

1 つぎの 計算を しましょう。

① １×１＝

② １×２＝

③ １×３＝

④ １×４＝

⑤ １×５＝

⑥ １×６＝

⑦ １×７＝

⑧ １×８＝

⑨ １×９＝

2 ケーキが さらに １こずつ のって います。
３さらでは ケーキは 何こ ありますか。

しき

答え _____

かけ算九九（24）

1 つぎの　計算を　しましょう。

① 1×3＝　　　② 1×5＝

③ 1×7＝　　　④ 1×4＝

⑤ 1×1＝　　　⑥ 1×6＝

⑦ 1×8＝　　　⑧ 1×9＝

⑨ 1×2＝

2 ねこの　しっぽは　1ぴきに　1本です。4ひきの　ねこの　しっぽは　何本　ありますか。

しき

答え＿＿＿＿＿＿

かけ算九九（25）

✳ つぎの 計算を しましょう。

① $4 \times 5 =$

② $9 \times 5 =$

③ $6 \times 2 =$

④ $3 \times 3 =$

⑤ $5 \times 7 =$

⑥ $5 \times 6 =$

⑦ $2 \times 9 =$

⑧ $2 \times 8 =$

⑨ $6 \times 6 =$

⑩ $9 \times 9 =$

⑪ $7 \times 1 =$

⑫ $8 \times 8 =$

⑬ $5 \times 3 =$

⑭ $2 \times 3 =$

⑮ $3 \times 8 =$

⑯ $8 \times 5 =$

⑰ $2 \times 7 =$

⑱ $7 \times 5 =$

⑲ $4 \times 4 =$

⑳ $5 \times 4 =$

かけ算九九（26）

* つぎの 計算を しましょう。

① $2 \times 5 =$　　② $4 \times 8 =$

③ $1 \times 9 =$　　④ $7 \times 8 =$

⑤ $6 \times 4 =$　　⑥ $2 \times 7 =$

⑦ $8 \times 6 =$　　⑧ $3 \times 7 =$

⑨ $6 \times 9 =$　　⑩ $4 \times 7 =$

⑪ $9 \times 3 =$　　⑫ $8 \times 4 =$

⑬ $7 \times 9 =$　　⑭ $6 \times 3 =$

⑮ $5 \times 8 =$　　⑯ $4 \times 3 =$

⑰ $5 \times 5 =$　　⑱ $8 \times 3 =$

⑲ $4 \times 6 =$　　⑳ $3 \times 4 =$

かけ算九九 （27）

✳ つぎの 計算を しましょう。

① 4×2＝

② 2×2＝

③ 3×2＝

④ 5×2＝

⑤ 4×3＝

⑥ 6×2＝

⑦ 9×2＝

⑧ 5×3＝

⑨ 3×3＝

⑩ 7×6＝

⑪ 2×3＝

⑫ 7×8＝

⑬ 8×6＝

⑭ 6×9＝

⑮ 4×4＝

⑯ 7×2＝

⑰ 3×4＝

⑱ 7×5＝

⑲ 4×8＝

⑳ 2×4＝

かけ算九九 （28）

✳ つぎの 計算を しましょう。

① 6×3＝

② 4×5＝

③ 8×2＝

④ 6×8＝

⑤ 2×5＝

⑥ 5×4＝

⑦ 9×8＝

⑧ 3×5＝

⑨ 2×6＝

⑩ 5×5＝

⑪ 6×4＝

⑫ 3×6＝

⑬ 2×7＝

⑭ 9×4＝

⑮ 4×6＝

⑯ 8×9＝

⑰ 3×8＝

⑱ 5×6＝

⑲ 6×7＝

⑳ 7×4＝

ひょうとグラフ（1）

月　日

＊　どうぶつの　数を　しらべましょう。

絵の　数だけ　色を　ぬりましょう。

うさぎ						
ねこ						
いぬ						
りす						

ひょうとグラフ (2)

月　日

＊ どうぶつカードの 数を ひょうに しました。
この数を ○で グラフに あらわしましょう。

	うさぎ	ね　こ	い　ぬ	り　す
数（まい）	7	6	4	3

どうぶつカードの 数

○			
○			
○			
○			
○			
○			
○			
うさぎ	ね　こ	い　ぬ	り　す

51 ひょうとグラフ（3）

＊ どうぶつカードの 数を ひょうに しました。
この数を ○で グラフに あらわしましょう。

	ぞ　う	ねずみ	さ　る	パンダ
数（まい）	7	6	5	4

ぞ　う	ねずみ	さ　る	パンダ

52 ひょうとグラフ (4)

* 2年1組の すきな きゅう食を しらべました。

すきな きゅう食 しらべ

① すきな人が 多い メニューは 何ですか。

(　　　　　)

② すきな人が 少ない メニューは 何ですか。

(　　　　　)

ビーフシチュー	コーンスープ	クリームシチュー	たまごスープ	そのた
○				
○	○			
○	○			
○	○	○		
○	○	○	○	
○	○	○	○	
○	○	○	○	○
○	○	○	○	○
○	○	○	○	○

③ 2年1組は みんなで 何人ですか。

(　　　　　)

53　長　さ (1)

　クリップ　3こ分　とか　えんぴつ　2本分　では
クリップや　えんぴつの　長さによって　ちがって
しまいます。
　だれが　はかっても　同じに　なるように　長さの
たんいを　きめます。
　——の　長さを　**1センチメートル**と　いって、
1cmと　かきます。

1　cmの　かき方を　れんしゅう　しましょう。

cm　　cm　　cm　　cm

cm　　cm　　cm　　cm

2　長さを　はかるとき、ものさしを　つかいます。
　どの　はかり方が　よいですか。ばんごうを
かきましょう。

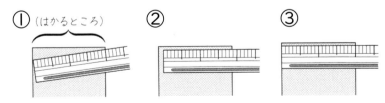

①（はかるところ）　②　③

（　　）

54 長 さ（2）

1 つぎの 長さは 何cmですか。

①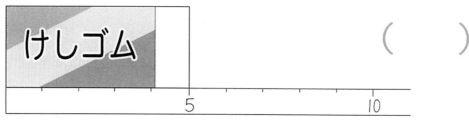

（　　　）

②

（　　　）

2 線の 長さは 何cmですか。

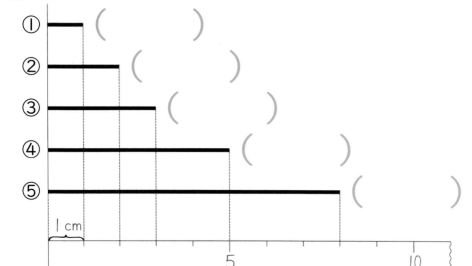

① （　　　）
② （　　　）
③ （　　　）
④ （　　　）
⑤ （　　　）

55 長さ (3)

1cmを 同じ 長さの 10に 分けた 1こ分を
1ミリメートルと いい、1mmと かきます。

$$10mm = 1cm$$

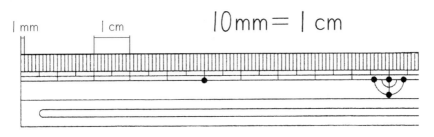

1 mmの かき方を れんしゅう しましょう。

mm　　mm　　mm　　mm

mm　　mm　　mm　　mm

2 つぎの ↓は 左はしから 何mm ですか。

↓① 　　↓② 　　↓③ 　　↓④

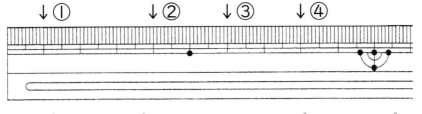

① (　　　　　)　　　　② (　　　　　)

③ (　　　　　)　　　　④ (　　　　　)

長 さ (4)

＊　つぎの　ものは　何mm ですか。

①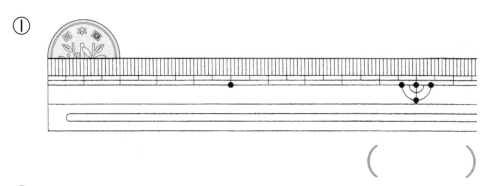

（　　　　　）

②

（　　　　　）

③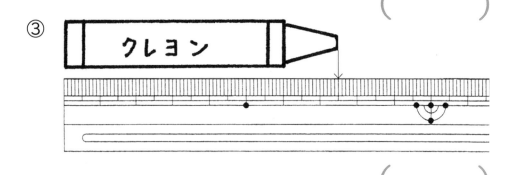

（　　　　　）

長さ（5）

30mm は、10mm が　3こ分で、3cm です。

75mm は、10mm が　7こ分と　5mm だから

7cm 5mm に　なります。

✳ つぎの　長さは　何cm、または　何cm何mm ですか。

① 40mm ＝ ☐ cm

② 60mm ＝ ☐ cm

③ 90mm ＝ ☐ cm

④ 35mm ＝ ☐ cm ☐ mm

⑤ 47mm ＝ ☐ cm ☐ mm

⑥ 68mm ＝ ☐ cm ☐ mm

⑦ 104mm ＝ ☐ cm ☐ mm

長　さ（6）

　2cm は、mm に　なおすと　20 こ分で、20mm です。
　6cm 4mm は、mm に　なおすと　64 こ分なので
64mm に　なります。

✻　つぎの　長さは　何 mm ですか。

① 5cm = [　　　] mm

② 3cm = [　　　] mm

③ 8cm = [　　　] mm

④ 4cm 8mm = [　　　] mm

⑤ 6cm 5mm = [　　　] mm

⑥ 7cm 3mm = [　　　] mm

⑦ 8cm 4mm = [　　　] mm

59 長 さ (7)

　長い ものを はかるときは、mmや cmの たんい
では、みじかく ふべんです。
　1cmを 100こ あつめた 長さを **1メートル**と
いい、**1m**と かきます。

1 mの かき方を れんしゅう しましょう。

m　　m　　m　　m

m　　m　　m　　m

　けんすけさんの せの 高さは、1mと 25cmなので、
1m25cmとも いいます。125cm は、1m25cm です。

2 どうぶつの 頭から しっぽまでの 長さを
はかったら 下のように なりました。めもりは 何m
何cm ですか。(小さい めもりは 10cm)

① パンダ

　　　　　　　　　　　　　　　　（　　　　　　　）

② シロクマ

　　　　　　　　　　　　　　　　（　　　　　　　）

月　　日

1 ひまわりの　たねを　50cm　はなして　5こ
うえました。はしから　はしまで　何mですか。

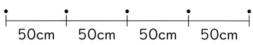

50cm　　50cm　　50cm　　50cm

しき

答え _____

2 つぎの　長さは　何m何cmですか。

① 136cm = [　　] m [　　] cm

② 157cm = [　　] m [　　] cm

③ 208cm = [　　] m [　　] cm

④ 316cm = [　　] m [　　] cm

⑤ 450cm = [　　] m [　　] cm

長 さ (9)

1 つぎの 長さは 何cm ですか。

① 1m35cm = ☐ cm

② 2m58cm = ☐ cm

③ 2m 5cm = ☐ cm

④ 3m87cm = ☐ cm

⑤ 3m60cm = ☐ cm

2 あてはまる たんいを かきましょう。

① ノートの よこの 長さ 18 （　　　）

② ノートの あつみは 3 （　　　）

③ プールの たての 長さ 25 （　　　）

月　　　日

✳ つぎの 計算を しましょう。

① 12cm ＋ 25cm ＝

② 74cm － 52cm ＝

③ 63cm 8mm ＋ 11cm 1mm ＝

④ 78cm 6mm － 25cm 4mm ＝

⑤ 18m ＋ 27m ＝

⑥ 45m － 29m ＝

⑦ 23m33cm ＋ 31m64cm ＝

⑧ 67m30cm － 35m15cm ＝

おり紙を　同じ　大きさに　切り分けました。

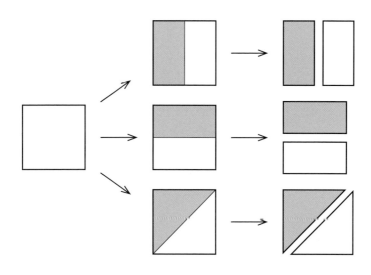

2つに　分けた　1つ分の　大きさを　もとの

大きさの　**二分の一**と　いい、$\frac{1}{2}$と　かきます。

✳ $\frac{1}{2}$の　大きさに　色を　ぬりましょう。

① 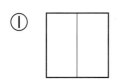　　②

③ 　　④

分　数 (2)

おり紙を　同じ　大きさに　切り分けました。

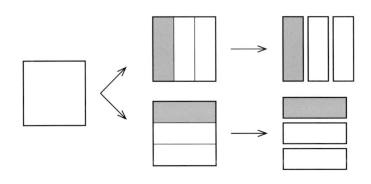

　3つに　分けた　1つ分の　大きさを　もとの

大きさの　**三分の一**と　いい、$\frac{1}{3}$と　かきます。

＊ $\frac{1}{3}$の　大きさに　色を　ぬりましょう。

①　

②　

③　

④　

三角形と四角形（1）

　3つの　点を　直線で　かこまれた　形を　**三角形**と
いいます。4つの　点を　直線で　かこまれた　形を
四角形と　いいます。

　まわりの　直線を　**へん**、かどを　**ちょう点**と　いい
ます。

1　点を　むすび、三角形と　四角形を　かきましょう。

①　　　　　　　　　　　　②

2　上の　図形の　へんの　数と　ちょう点の　数を　か
きましょう。

①　三角形…へん（　　　　）本、ちょう点（　　　　）こ

②　四角形…へん（　　　　）本、ちょう点（　　　　）こ

66 三角形と四角形 (2)

* 図を　見て　答えましょう。

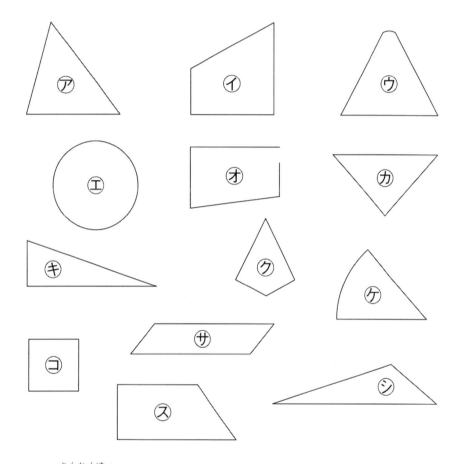

① 三角形の　きごうを　かきましょう。

答え _____

② 四角形の　きごうを　かきましょう。

答え _____

67　三角形と四角形（3）

紙を　2回　おって　直角を　つくりましょう。

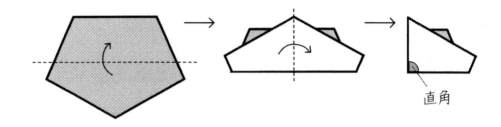

直角

1　三角じょうぎの　直角の　かどに　○を　つけましょう。

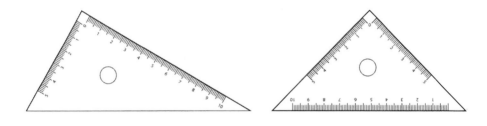

2　三角じょうぎを　つかって、直角に　なっている　ところに　○を　つけましょう。

①　　　　　　　　　　　②

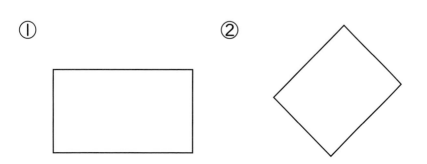

68　三角形と四角形（4）

4つの　かどが　みんな　直角に　なって　いる　四角形を　**長方形**と　いいます。

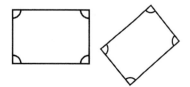

* 長方形は　どれですか。ばんごうを　かきましょう。

①

②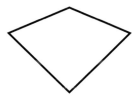

③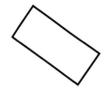

④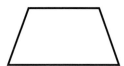

答え _____

長方形の　紙を　図の　ように　おると、むかいあう　へんの　長さは　同じに　なります。

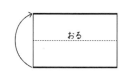

おる

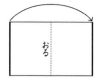

おる

月　日

4つの　かどが　みんな　直角で
4つの　へんの　長さが　みんな
同じ　四角形を　**正方形**と　いいます。

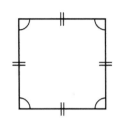

＊　正方形は　どれですか。ばんごうを　かきましょう。

①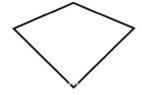

②

③

④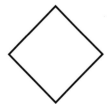

答え _____

正方形は　4つの　へんの　長さが
同じなので　アウで　おって　かされ
ても　ぴったり　あいます。

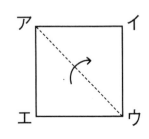

三角形と四角形（6）

1 長方形と 正方形に 線を ひいて、2つの 三角形を つくりましょう。三角形の 直角の かどに ○を つけましょう。

①  ②

直角の かどの ある 三角形を **直角三角形**と いいます。

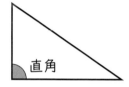

直角

2 直角三角形は どれですか。ばんごうを かきましょう。

① 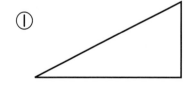 ②

③ 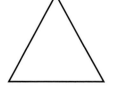 ④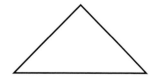

答え _____

三角形と四角形（7）

＊ 方がん紙に つぎの 図を かきましょう。

① たて3cm、よこ6cm の 長方形
② たて5cm、よこ4cm の 長方形
③ 1つの へんの 長さが 5cm の 正方形

三角形と四角形（8）

✳ 方がん紙に　つぎの　図を　かきましょう。

① １つの　へんの　長さが　4cm の　正方形

② 直角になる　へんが　5cm と　6cm の
直角三角形

③ 直角になる　へんが　3cm と　4cm の
直角三角形

73　はこの形（1）

1　はこの　めんの　形を　紙に　うつしました。

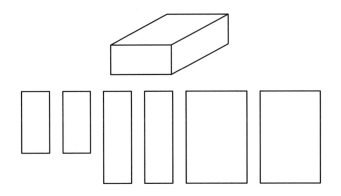

①　めんの　形は　何ですか。　　（　　　　　　　）

②　めんは　何こ　ありますか。　（　　　　　　　）

③　同じ　形の　めんは　何こずつ　ありますか。

（　　　　　　　）

2　さいころの　形を　した　はこの
めんを　うつしました。

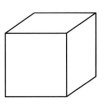

①　めんの　形は　何ですか。

（　　　　　　　）

②　めんは　何こ　ありますか。

（　　　　　　　）

74 はこの形（2）

1 はこの 形が あります。

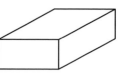

① めんと めんの さかいに
なっている ところを **へん**と いいます。
へんは 何本 ありますか。

（　　　　　）

② 3本の へんが あつまる ところを **ちょう点**と
いいます。何こ ありますか。

（　　　　　）

2 さいころの 形を した はこが あります。

① へんは 何本 ありますか。

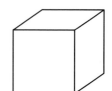

② ちょう点は 何こ ありますか。

はこの形（3）

月　日

1　竹ひごと　ねん土玉で
右のような　はこの　形を
つくりました。

① 　6cm、9cm、12cmの
竹ひごは　それぞれ　何本ずつ　つかいますか。

（　それぞれ　　　　　本ずつ　）

② 　ねん土玉は　何こ　つかいますか。

（　　　　　）

2　竹ひごと　ねん土玉で
右のような　はこの　形を
つくりました。

① 　6cmの　竹ひごは　何本
つかいますか。

（　　　　　）

② 　ねん土玉は　何こ　つかいますか。

（　　　　　）

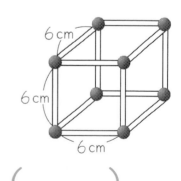

76　はこの形（4）

1 紙を つないで はこの 形を つくります。
⑦、⑦、⑦の へんの 長さを かきましょう。

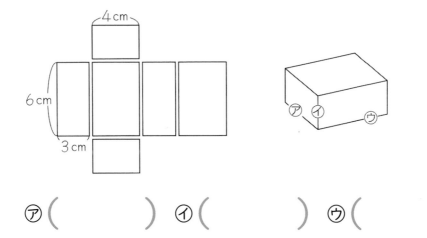

⑦ (　　　　　)　　⑦ (　　　　　)　　⑦ (　　　　　)

2 ①と ②の 図を 組み立てると、⑦、⑦の どちら
に なりますか。

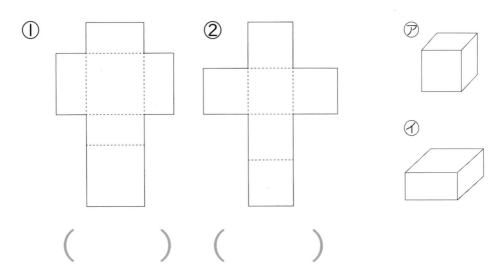

(　　　　)　　(　　　　)

時こくと時間（1）

✳ 時こくと　その間の　時間を　かきましょう。

① 　１時間目　はじまり　　１時間目　おわり

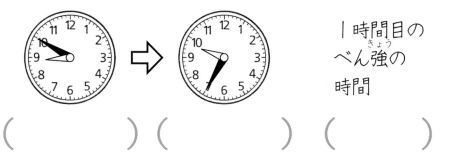

１時間目の
べん強の
時間

（　　　　　）（　　　　　　　　　）（　　　　　　　　　）

② 　２時間目　おわり　　３時間目　はじまり

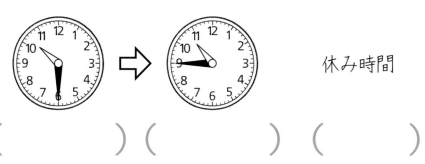

休み時間

（　　　　　）（　　　　　　　　　）（　　　　　　　　　）

③ 　そうじが　はじまる　　そうじが　おわる

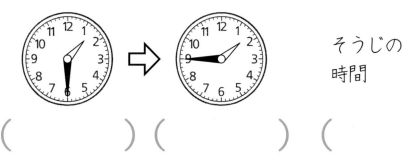

そうじの
時間

（　　　　　）（　　　　　　　　　）（　　　　　　　　　）

時こくと時間（2）

時計の　長い　はりが
１まわり　すると　１時間
が　たちます。

　　１時間＝60分間

＊　左の　時計から　右の　時計まで　何時間　たちまし
たか。

①

（　　　　　　　）

②

（　　　　　　　）

③

（　　　　　　　）

79 時こくと時間（3）

　昼の　12時までを　**午前**、夜の　12時までを　**午後**と　いいます。午前は　12時間、午後は　12時間で、1日は　24時間です。

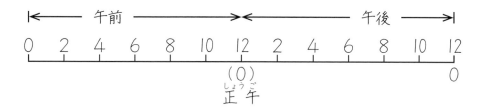

* つぎの　時こくを　午前、午後を　入れてかきましょう。また、30分後の　時こくをかきましょう。

① 1時間目の　はじまり　　今の　時こく

（　　　　　　　　）

30分後の　時こく

（　　　　　　　　）

② 5時間目の　はじまり　　今の　時こく

（　　　　　　　　）

30分後の　時こく

（　　　　　　　　）

80　時こくと時間（4）

1　学校を　午前 8 時 50 分に　出て、2 時間 20 分で
目てき地に　つきました。ついたのは　何時何分ですか。

しき

答え ＿＿＿＿＿＿＿＿＿＿＿

2　午前中に　家を　出て、3 時間 40 分で　目てき地に
つきました。　ついた　時こくは　午後 1 時でした。
　家を　出たのは　何時ですか。

しき

答え ＿＿＿＿＿＿＿＿＿＿＿

3　60 分間　さん歩に　行きました。帰って　きたのは
午後 4 時 30 分でした。出かけたのは　何時何分ですか。

しき

答え ＿＿＿＿＿＿＿＿＿＿＿

81 水のかさ（1）

水の　かさを　はかるときは
1リットルますを　つかいます。
1リットルは、1Lと　かきます。

1 Lの　かき方を　れんしゅう　しましょう。

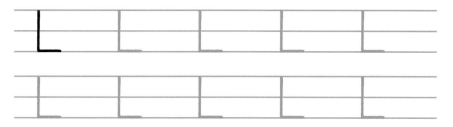

2 1Lますで　水を　はかりました。何Lですか。

①

（　　　　　）

②

（　　　　　）

　1Lより 少ない かさを はかる
ときは、1Lを 10こに 分けた
1つ分の 1デシリットルで
はかります。1dL と かきます。
　お茶は 5つ目の めもりなので 5dL です。

1 dLの かき方を れんしゅう しましょう。

dL　dL　dL　dL

dL　dL　dL　dL

2 水の かさは 何L何dL ですか。

①

1L　1L　1dL　1dL

（　　　　　）

②

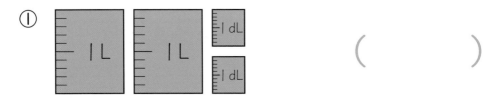

1L　1L　1L　1dL

（　　　　　）

83 水のかさ（3）

1 　1L 5dLの　ペットボトルと　4dLの　ペットボトル
に　入った　お茶が　あります。

① 　あわせると　いくらですか。
　しき

答え _____

② 　ちがいは　いくらですか.
　しき

答え _____

2 　つぎの　計算を　しましょう。

① 　3L 2dL＋2L 4dL＝

② 　4L 7dL＋1L 5dL＝

③ 　5L 6dL－2L 3dL＝

④ 　6L 1dL－3L 4dL＝

　牛にゅうの　かさを　はかったら
2dL でした。びんには　200mL と
かいてありました。200 **ミリリットル**と
読みます。**mL** も　かさの　たんいです。

$$1L = 1000mL \qquad 1dL = 100mL$$

1　mL の　かき方を　れんしゅう　しましょう。

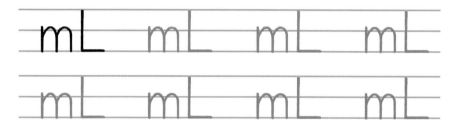

2　つぎの　かさは　何 mL ですか。

①  = 　　　　（　　　　　　）

② = 1L　　　　（　　　　　　）

水のかさ（5）

＊ □に あてはまる 数を かきましょう。

① 1L = □ dL ② 1L = □ mL

③ 1dL = □ mL ④ 3L = □ dL

⑤ 4L = □ mL ⑥ 3dL = □ mL

⑦ 20dL = □ L ⑧ 60dL = □ L

⑨ 5000mL = □ dL = □ L

⑩ 8000mL = □ dL = □ L

⑪ □ mL = 20dL = □ L

⑫ □ mL = 70dL = □ L

水のかさ（6）

＊ つぎの　計算を　しましょう。

① 35mL ＋ 84mL ＝

② 90mL － 45mL ＝

③ 5dL ＋ 8dL ＝

④ 11dL － 7dL ＝

⑤ 1dL － 70mL ＝

⑥ 2dL － 140mL ＝

⑦ 2L 2dL ＋ 3L 1dL ＝

⑧ 4L 5dL － 1L 3dL ＝

1 1 ① 32 + 31

②
③
```
    3 2
  + 3 1
    6 3
```

2 ①
```
    2 3
  + 1 5
    3 8
```

②
```
    3 1
  + 4 2
    7 3
```

③
```
    1 6
  + 2 0
    3 6
```

2 ① 55　② 69
③ 57　④ 69
⑤ 88　⑥ 58
⑦ 86　⑧ 93

3 ① 37　② 47
③ 68　④ 78
⑤ 85　⑥ 58
⑦ 46　⑧ 38

4 ① 82　② 82
③ 64　④ 83
⑤ 83　⑥ 52
⑦ 60　⑧ 70

5 ① 42　② 64
③ 72　④ 80
⑤ 71　⑥ 64
⑦ 41　⑧ 40

6 1 ① 63 − 32

②
③
```
    6 3
  - 3 2
    3 1
```

2 ①
```
    2 6
  - 1 3
    1 3
```

②
```
    3 5
  - 1 1
    2 4
```

③
```
    4 8
  - 2 7
    2 1
```

7 ① 22　② 32
③ 42　④ 32
⑤ 51　⑥ 51
⑦ 11　⑧ 34

8 ① 20　② 40
③ 5　④ 3
⑤ 31　⑥ 42
⑦ 80　⑧ 40

9
① 15　② 14
③ 28　④ 26
⑤ 38　⑥ 46
⑦ 27　⑧ 16

10
① 33　② 41
③ 6　④ 9
⑤ 37　⑥ 45
⑦ 23　⑧ 71

11
① 213　② 131
③ 125　④ 202
⑤ 230　⑥ 200

12
① 100 － 200 － 300 － 400 － 500 － 600
② 600 － 700 － 800 － 900 － 1000 － 1100
③ 900 － 910 － 920 － 930 － 940 － 950
④ 960 － 970 － 980 － 990 － 1000 － 1010
⑤ 1000 － 900 － 800 － 700 － 600 － 500

13
① 345
② 790
③ 2681
④ 5300
⑤ 4000
⑥ 80

14　1　① ア 5400　イ 6000
　　　　　ウ 7100　エ 7900
　②

2　① 347　② 827
　③ 3245　④ 1200

15
① 136　② 136
③ 135　④ 117
⑤ 139　⑥ 117
⑦ 147　⑧ 118

16
① 141　② 123
③ 143　④ 115
⑤ 123　⑥ 144
⑦ 164　⑧ 123

17
① 102　② 104
③ 104　④ 103
⑤ 103　⑥ 104
⑦ 104　⑧ 103

18
① 83　② 86
③ 82　④ 65
⑤ 92　⑥ 91
⑦ 85　⑧ 72

19
① 67　② 88
③ 87　④ 78
⑤ 85　⑥ 67
⑦ 77　⑧ 56

20 ① 45　　② 68
　　③ 76　　④ 89
　　⑤ 37　　⑥ 21
　　⑦ 93　　⑧ 93

21 1　① 6こ
　　　② 6
　　2　3 × 3 = 9

22 ① 2 × 4 = 8
　　② 4 × 3 = 12
　　③ 3 × 4 = 12

23 1　① 2　　② 4
　　　③ 6　　④ 8
　　　⑤ 10　　⑥ 12
　　　⑦ 14　　⑧ 16
　　　⑨ 18
　　2　2 × 3 = 6　　　　6こ

24 1　① 6　　② 10
　　　③ 14　　④ 8
　　　⑤ 2　　⑥ 12
　　　⑦ 16　　⑧ 18
　　　⑨ 4
　　2　2 × 4 = 8　　　　8こ

25 1　① 5　　② 10
　　　③ 15　　④ 20
　　　⑤ 25　　⑥ 30
　　　⑦ 35　　⑧ 40
　　　⑨ 45
　　2　5 × 2 = 10　　　　10こ

26 1　① 15　　② 25
　　　③ 35　　④ 20
　　　⑤ 5　　⑥ 30
　　　⑦ 40　　⑧ 45
　　　⑨ 10
　　2　5 × 3 = 15　　　　15こ

27 1　① 3　　② 6
　　　③ 9　　④ 12
　　　⑤ 15　　⑥ 18
　　　⑦ 21　　⑧ 24
　　　⑨ 27
　　2　3 × 4 = 12　　　　12こ

28 1　① 9　　② 15
　　　③ 21　　④ 12
　　　⑤ 3　　⑩ 18
　　　⑦ 24　　⑧ 27
　　　⑨ 6
　　2　3 × 6 = 18　　　　18本

29 1　① 4　　② 8
　　　③ 12　　④ 16
　　　⑤ 20　　⑥ 24
　　　⑦ 28　　⑧ 32
　　　⑨ 36
　　2　4 × 5 = 20　　　　20こ

30 1　① 12　　② 20
　　　③ 28　　④ 16
　　　⑤ 4　　⑥ 24
　　　⑦ 32　　⑧ 36
　　　⑨ 8
　　2　4 × 5 = 20　　　　20こ

31
① 15　　② 4
③ 8　　④ 25
⑤ 35　　⑥ 6
⑦ 5　　⑧ 16
⑨ 10　　⑩ 30
⑪ 40　　⑫ 18
⑬ 12　　⑭ 10
⑮ 20　　⑯ 2
⑰ 14　　⑱ 45

32
① 12　　② 6
③ 12　　④ 20
⑤ 28　　⑥ 9
⑦ 4　　⑧ 24
⑨ 15　　⑩ 24
⑪ 32　　⑫ 27
⑬ 18　　⑭ 8
⑮ 16　　⑯ 3
⑰ 21　　⑱ 36

33
1　① 6　　② 12
　③ 18　　④ 24
　⑤ 30　　⑥ 36
　⑦ 42　　⑧ 48
　⑨ 54
2　$6 \times 3 = 18$　　18本

34
1　① 18　　② 30
　③ 42　　④ 24
　⑤ 6　　⑥ 36
　⑦ 48　　⑧ 54
　⑨ 12
2　$6 \times 7 = 42$　　42こ

35
1　① 7　　② 14
　③ 21　　④ 28
　⑤ 35　　⑥ 42
　⑦ 49　　⑧ 56
　⑨ 63
2　$7 \times 3 = 21$　　21こ

36
1　① 21　　② 35
　③ 49　　④ 28
　⑤ 7　　⑥ 42
　⑦ 56　　⑧ 63
　⑨ 14
2　$7 \times 5 = 35$　　35こ

37
1　① 8　　② 16
　③ 24　　④ 32
　⑤ 40　　⑥ 48
　⑦ 56　　⑧ 64
　⑨ 72
2　$8 \times 4 = 32$　　32本

38
1　① 24　　② 40
　③ 56　　④ 32
　⑤ 8　　⑥ 48
　⑦ 64　　⑧ 72
　⑨ 16
2　$8 \times 4 = 32$　　32こ

39
1　① 9　　② 18
　③ 27　　④ 36
　⑤ 45　　⑥ 54
　⑦ 63　　⑧ 72
　⑨ 81
2　$9 \times 2 = 18$　　18こ

40
1
① 27　② 45
③ 63　④ 36
⑤ 9　⑥ 54
⑦ 72　⑧ 81
⑨ 18

2　$9 \times 3 = 27$　　27人

41
① 21　② 12
③ 24　④ 35
⑤ 49　⑥ 18
⑦ 7　⑧ 48
⑨ 30　⑩ 42
⑪ 56　⑫ 54
⑬ 36　⑭ 14
⑮ 28　⑯ 6
⑰ 42　⑱ 63

42
① 27　② 16
③ 32　④ 45
⑤ 63　⑥ 24
⑦ 9　⑧ 64
⑨ 40　⑩ 54
⑪ 72　⑫ 72
⑬ 48　⑭ 18
⑮ 36　⑯ 8
⑰ 56　⑱ 81

43
1
① 1　② 2
③ 3　④ 4
⑤ 5　⑥ 6
⑦ 7　⑧ 8
⑨ 9

2　$1 \times 3 = 3$　　3こ

44
1
① 3　② 5
③ 7　④ 4
⑤ 1　⑥ 6
⑦ 8　⑧ 9
⑨ 2

2　$1 \times 4 = 4$　　4本

45
① 20　② 45
③ 12　④ 9
⑤ 35　⑥ 30
⑦ 18　⑧ 16
⑨ 36　⑩ 81
⑪ 7　⑫ 64
⑬ 15　⑭ 6
⑮ 24　⑯ 40
⑰ 14　⑱ 35
⑲ 10　⑳ 20

46
① 10　② 32
③ 9　④ 56
⑤ 24　⑥ 14
⑦ 48　⑧ 21
⑨ 54　⑩ 28
⑪ 27　⑫ 32
⑬ 63　⑭ 18
⑮ 40　⑯ 12
⑰ 25　⑱ 24
⑲ 24　⑳ 12

47
① 8		② 4	
③ 6		④ 10	
⑤ 12		⑥ 12	
⑦ 18		⑧ 15	
⑨ 9		⑩ 42	
⑪ 6		⑫ 56	
⑬ 48		⑭ 54	
⑮ 16		⑯ 14	
⑰ 12		⑱ 35	
⑲ 32		⑳ 8	

48
① 18		② 20	
③ 16		④ 48	
⑤ 10		⑥ 20	
⑦ 72		⑧ 15	
⑨ 12		⑩ 25	
⑪ 24		⑫ 18	
⑬ 14		⑭ 36	
⑮ 24		⑯ 72	
⑰ 24		⑱ 30	
⑲ 42		⑳ 28	

49

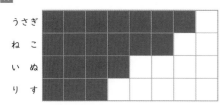

50

どうぶつカードの 数			
○			
○	○		
○	○		
○	○	○	
○	○	○	○
○	○	○	○
○	○	○	○
うさぎ	ねこ	いぬ	りす

51

どうぶつカードの 数			
○			
○	○		
○	○	○	
○	○	○	○
○	○	○	○
○	○	○	○
○	○	○	○
ぞう	ねずみ	さる	パンダ

52
① ビーフシチュー
② たまごスープ
③ 31人

53
1 しょうりゃく
2 ③

54	1	①	5cm
		②	10cm
	2	①	1cm
		②	2cm
		③	3cm
		④	5cm
		⑤	8cm

55 1 しょうりゃく
    2 ① 10mm   ② 40mm
      ③ 60mm   ④ 80mm

56 ① 20mm
    ② 30mm
    ③ 75mm

57 ① 4
    ② 6
    ③ 9
    ④ 3、5
    ⑤ 4、7
    ⑥ 6、8
    ⑦ 10、4

58 ① 50
    ② 30
    ③ 80
    ④ 48
    ⑤ 65
    ⑥ 73
    ⑦ 84

59 1 しょうりゃく
    2 ① 1m50cm
      ② 2m90cm

60 1 $50 + 50 = 100$ （1m）
      $1 + 1 = 2$ **2m**
    2 ① 1、36
      ② 1、57
      ③ 2、8
      ④ 3、16
      ⑤ 4、50

61 1 ① 135
      ② 258
      ③ 205
      ④ 387
      ⑤ 360
    2 ① cm
      ② mm
      ③ m

62 ① 37cm
    ② 22cm
    ③ 74cm9mm
    ④ 53cm2mm
    ⑤ 45m
    ⑥ 16m
    ⑦ 54m97cm
    ⑧ 32m15cm

63 （れい）
①   ②

③   ④

64 (れい)

① 　②

③ 　④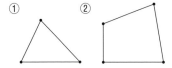

65

1　① 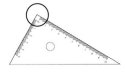　②

2　① へん3本、ちょう点3こ
　② へん4本、ちょう点4こ

66 ① ⑦、⑦、④、⑦
　② ④、⑦、⑦、⑦、⑦

67 1

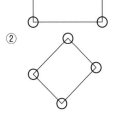

2　①

　②

68 ①、③

69 ②、④

70 1　① 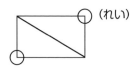 (れい)

　②

2　①、④

71

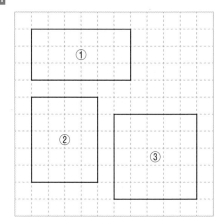

72

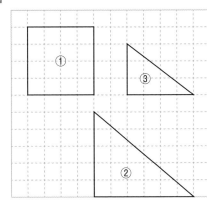

73 1 ① 長方形
    ② 6こ
    ③ 2こずつ
  2 ① 正方形
    ② 6こ

74 1 ① 12本
    ② 8こ
  2 ① 12本
    ② 8こ

75 1 ① それぞれ4本ずつ
    ② 8こ
  2 ① 12本
    ② 8こ

76 1 ㋐ 4cm
    ㋑ 3cm
    ㋒ 6cm
  2 ① ㋑
    ② ㋐

77 ① 8時50分
    9時35分
    45分
  ② 10時30分（10時半）
    10時45分
    15分
  ③ 1時30分（1時半）
    1時45分
    15分

78 ① 2時間
  ② 3時間
  ③ 2時間

79 ① 午前8時50分
    午前9時20分
  ② 午後1時50分
    午後2時20分

80 1 8時50分＋2時間20分
    ＝11時10分
    <u>午前11時10分</u>
  2 午後1時＝13時
    13時－3時間40分
    ＝9時20分
    <u>午前9時20分</u>
  3 4時30分－60分
    ＝3時30分
    <u>午後3時30分</u>

81 1 しょうりゃく
  2 ① 3L
    ② 1L

82 1 しょうりゃく
    2 ① 2L2dL
       ② 3L1dL

83 1 ① 1L5dL + 4dL
          = 1L9dL
          <u>1L9dL</u>
       ② 1L5dL − 4dL
          = 1L1dL
          <u>1L1dL</u>
    2 ① 5L6dL
       ② 6L2dL
       ③ 3L3dL
       ④ 2L7dL

84 1 しょうりゃく
    2 ① 1000mL
       ② 500mL

85 ① 10   ② 1000
    ③ 100   ④ 30
    ⑤ 4000   ⑥ 300
    ⑦ 2   ⑧ 6
    ⑨ 50dL = 5L
    ⑩ 80dL = 8L
    ⑪ 2000mL = 2L
    ⑫ 7000mL = 7L

86 ① 119mL
    ② 45mL
    ③ 13dL
    ④ 4dL
    ⑤ 30mL
    ⑥ 60mL
    ⑦ 5L3dL
    ⑧ 3L2dL